Roland Engelhart

Der traditionelle Bazar als zentraler Geschäftsbezirk und wirtschaftliches Organisationszentrum der orientalisch-islamischen Stadt

GRIN Verlag

Bibliografische Information der Deutschen Nationalbibliothek:

Die Deutsche Bibliothek verzeichnet diese Publikation in der Deutschen National-
bibliografie; detaillierte bibliografische Daten sind im Internet über http://dnb.d-
nb.de/ abrufbar.

Impressum:

Copyright © 1983 GRIN Verlag, Open Publishing GmbH
Druck und Bindung: Books on Demand GmbH, Norderstedt Germany
ISBN: 978-3-640-94901-4

Dieses Buch bei GRIN:

http://www.grin.com/de/e-book/174436/der-traditionelle-bazar-als-zentraler-
geschaeftsbezirk-und-wirtschaftliches

Roland Engelhart

Der traditionelle Bazar als zentraler Geschäftsbezirk und wirtschaftliches Organisationszentrum der orientalisch-islamischen Stadt

Inhaltsverzeichnis

1. Abgrenzung und Problematik

Der Orientale versteht unter dem Begriff des Bazars den Ort des Einkaufs ganz allgemein. Im europäischen Sprachgebrauch jedoch – wie auch in der nachfolgenden Arbeit – wird der Bazar (persisch: bāzār; arabisch: sūq; türkisch: çarşi; deutsch: Markt) als der im Zentrum gelegene traditionelle Geschäftsbezirk der orientalisch-islamischen Stadt verstanden. Er wird täglich mit Ausnahme der Feiertage in einem festen und abschließbaren Gebäudebestand abgehalten.

Auf diesen typischen Bazar beziehen sich die Kapitel 2 bis 7. In Kapitel 8 wird als Ausblick in großen Zügen der Funktionswandel des Bazars infolge der Verwestlichung erläutert. Durch diese stattfindende Überformung gestaltet es sich schwieriger, an den traditionellen Bazar heranzukommen. Denn was auf den ersten Blick als klare Sache erscheint, zeigt sich bei genauerer Betrachtung der Verhältnisse als komplizierter und tiefschichtiger.

Als allerwichtigste Grundlagen wurde für diese Problematik bzw. für diese Arbeit die umfangreiche Überblicksarbeit von Wirth in Form eines zweigeteilten Aufsatzes[1] und der Artikel von Schweizer über den Bazar von Tabriz[2] herangezogen. Weitere, ausführliche Literaturangaben[3] befinden sich im Literaturverzeichnis (Kapitel 9).

---

[1] Vgl. Wirth, Zum Problem des Bazars, in: Islam Bd. 51 (1974), S. 203-260 und Bd. 52 (1975), S. 6-46.
[2] Vgl. Schweizer, Tabriz (Nordwest-Iran) und der Tabrizer Bazar, in: Erdkunde Bd. 26 (1972), S. 32-46.
[3] Die benützte Literatur befindet sich im Literaturverzeichnis. Entsprechend den Gepflogenheiten des Instituts werden Entlehnungen nicht eigens gekennzeichnet; wörtliche Ausschnitte bzw. entnommene Abbildungen hingegen werden mit genauer Stellenangabe zitiert.

2. Idealschema der islamisch-orientalischen Stadt nach Dettmann

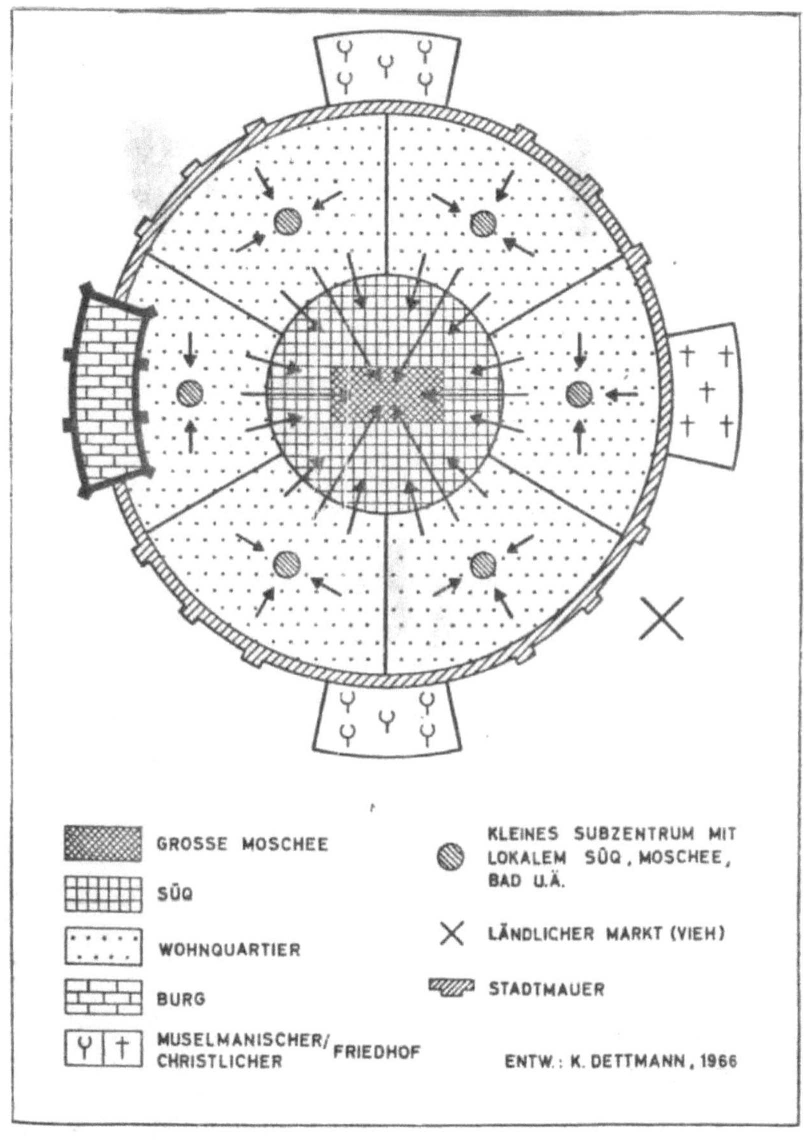

Abbildung 1: Idealschema der islamisch-orientalischen Stadt[4]

---

[4] Quelle: Dettmann, Damaskus. Eine orientalische Stadt zwischen Tradition und Moderne, S. 25.

Direkt im Mittelpunkt der Stadt liegt die Große Moschee. Um sie herum hat sich der Bazar entwickelt. An diesen schließen sich die Wohnviertel an, in denen sich die Quartierbazare (siehe Kapitel 4.2.1) befinden. Die Burg ist in die Stadtmauer eingegliedert und außerhalb der Mauern liegen schließlich die ländlichen Märkte und die Friedhöfe.

3. Gebäudetypen des Bazars

Der unterschiedliche Baubestand des Bazars ergibt sich aus seinen verschiedenen Funktionen. Im räumlichen Nebeneinander und in mosaikartiger Verschachtelung können wir Bazargassen, Khane und Hallen unterscheiden. Die beiden ersten Elemente, – Bazargassen und Khane – , sind geradezu zwingend für den Baubestand eines Bazars.

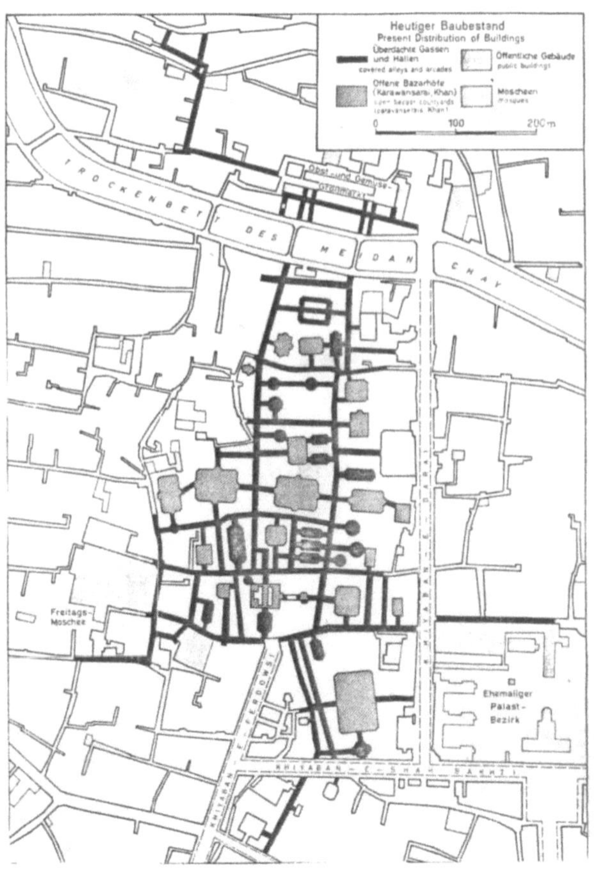

Abbildung 2: Die verschiedenen Gebäudetypen eines Bazars[5]

---

[5] Quelle: Schweizer, Tabriz (Nordwest-Iran) und der Tabrizer Bazar, S. 37.

3.1 Bazargassen

Die 3 bis 4 Meter breiten Bazargassen sind die bevorzugten Standorte von Einzelhandel und Handwerk. Sie sind auf beiden Seiten von eingeschossigen, dicht gereihten Ladenboxen gesäumt, die oft bloß 1 bis 2 m Quadratmeter messen. Weder über dem Arbeits- bzw. Geschäftsraum noch zwischen den einzelnen Ladenboxen finden wir Wohnungen. Diese gänzlich fehlende Wohnfunktion ist der eklatante Unterschied zu unseren mittelalterlichen Städten.

In den orientalisch-islamischen Städten sind zumindest die zentraleren Abschnitte der Bazargassen überdacht oder überwölbt, sei es steinüberwölbt oder mit einem First- bzw. Flachdach. Die Überdachung wird durch die beidseitige, gleich hohe Bebauung begünstigt. Da die Überdachung nur mit wenigen Luken versehen ist, finden wir die so typische halbdunkle, anheimelnde Bazaratmosphäre vor. Die Überdachung gehört zwangsläufig zum Image einer gut ausgestatteten Bazargasse. Man ist dort zugleich vor Sonne als auch vor Regen geschützt. Die Kreuzungsstellen der Bazargassen werden durch kuppelartige Aufbauten oftmals architektonisch besonders hervorgehoben.

Eine gewisse Ausnahme stellen die Bazare von Afghanistan (vgl. Kapitel 4.1.4) dar.

3.2 Khane

Die Khane sind meist mehrgeschossige, absperrbare Innenhofkomplexe mit Arkadenreihen. Sie haben nur einen oder wenige mit schweren Torkonstruktionen versehene Zugänge. Diese enden in der Regel auf die Bazargassen hin. Der Innenhof ist überwiegend nicht überdacht. Wie die Bazargassen haben die Khane nur wirtschaftliche, jedoch keine Wohnfunktion. Ihre Lage zu den Bazargassen ist nicht immer gleich. Sie können längs der Bazargassen aufgereiht sein, diese säumen oder auch in sich kreuzenden Bazargassen eingeschachtelt sein (vgl. Kapitel 4.1: formale Bazartypen). Immer liegen sie jedoch abseits der großen Passantenströme, ohne dass dadurch der direkte Kontakt zu den Bazargassen oder die leichte Erreichbarkeit von dort aus beeinträchtigt wird. Die enge Nachbarschaft und die räumliche Verknüpfung von Bazargassen und Khanen im Zentrum der Stadt sind ganz charakteristisch für den orientalisch-islamischen Bazar.

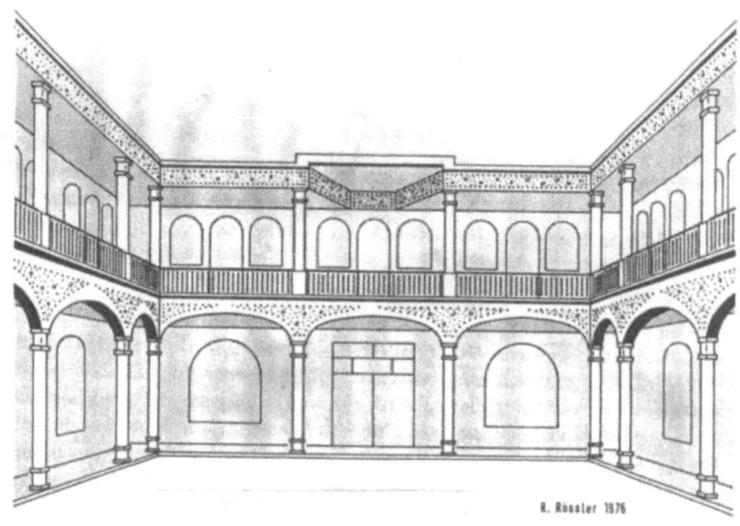

Abbildung 3: Schema eines Khans bzw. eines Sarai-Typs[6]

Der Gebäudetyp des Khans findet innerhalb des Bazars vielseitige Verwendung. Im traditionellen Bazar ist der Khan Sitz des Großhandels und dadurch gleichzeitig auch Ort des Geldwesens. In Khans sind Büros und Lager untergebracht, sowohl für einheimische als auch für auswärtige Groß- und Fernhändler; zugleich sind sie damit Ort des Export- und Importhandels. Hier findet sich die organisatorische und wirtschaftliche Macht des Bazars (vgl. Kapitel 7).

3.3 Bazarhallen

Im Gegensatz zu Bazargassen und Khanen gehören hallenartige Gebäude nicht notwendig zu einem Bazar. Hauptsächlich finden sich die Hallen in der Türkei und im Iran. Dies lässt sich nur bedingt durch das Klima erklären. In der Türkei werden diese Hallen Bedesten genannt, die pro Markt prinzipiell nur einmal vorkommen. In iranischen Bazaren können dagegen mehrere Bazarhallen vorkommen.

---

[6] Quelle: Gaube/Wirth, Der Bazar von Isfahan, S. 100.

Trotz vieler Unterschiede kann man doch einige wesentliche Gemeinsamkeiten aufzeigen:
Wie in den Bazargassen und Khanen ist in den Bazarhallen keine Wohnfunktion gegeben.
Der überdachte Innenraum wird von allen Seiten von Boxen gesäumt und die Halle ist als
Ganzes durch Tore absperrbar. Fast immer finden sich die Hallen in den zentralen Teilen
des Bazars.

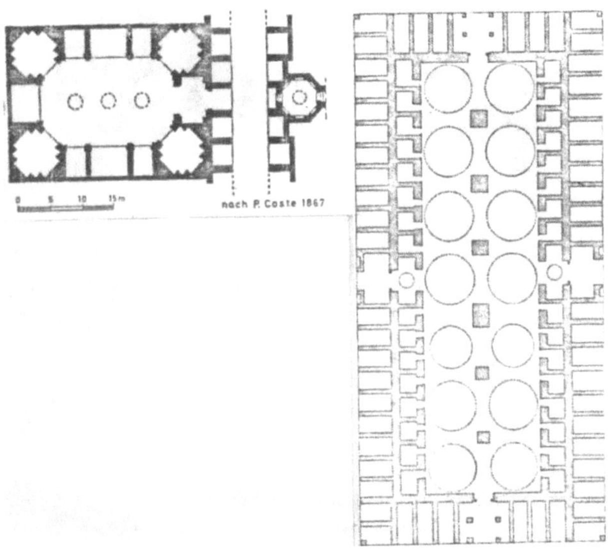

Abbildung 4: Grundriss-Schema von Bazarhallen[7]

Auch die Funktion ist immer dieselbe. Sie dient dem Einzel- und Großhandel für
wertvollere Waren (im Allgemeinen für Textilprodukte) als Lager und Verkaufsstelle.

Die dargestellte räumliche Gruppierung und Zuordnung der zwei bzw. drei Gebäudetypen wie überdachte Gassen, Khane und gegebenenfalls Hallen innerhalb des
Gesamtkomplexes eines Bazars „hat sich spätestens zu Beginn des 19. Jahrhun-
derts zu einem Kanon verdichtet – d. h. zu einer allgemein akzeptierten, als Norm
empfundenen Idealvorstellung, wie ein Bazar auszusehen habe."[8]

---

[7] Wirth, Zum Problem des Bazars (1974), S. 229.
[8] Wirth, Zum Problem des Bazars (1974), S. 231.

3.4 Entstehung der Gebäudetypen

Die wichtigsten Teilfunktionen des Bazars (Einzelhandel, Handwerk, Gewerbe, Groß- und Fernhandel, Geldleihe) sowie die hauptsächlichsten Gebäudetypen (Ladenstraßen, mit Arkaden umgebene Innenhofkomplexe, überdachte Hallen) waren als isolierte Teile schon in der hellenisch-römisch-byzantinischen Antike bekannt. Ihre ganz spezifische räumliche und organisatorische Zusammenfassung zu einem im Stadtzentrum gelegenen und geschlossenen Baukomplex und Funktionssystem ist die eigenständige Leistung des islamischen Mittelalters.

Die Bazargassen sind als eine Weiterbildung der spätantiken, von Buden gesäumten Kolonnadenstraßen zu betrachten. Dieser Baubestand war einheitlich; eine Verdrängung der Wohnfunktion und eine gewisse Branchensortierung (vgl. Kapitel 5) waren bereits gegeben. Die Umwandlung der spätantiken Kolonnadenstraßen zu Hauptbazargassen im Laufe des Mittelalters stellt man sich nach folgendem Verdrängungs- und Verdichtungs-modell vor:

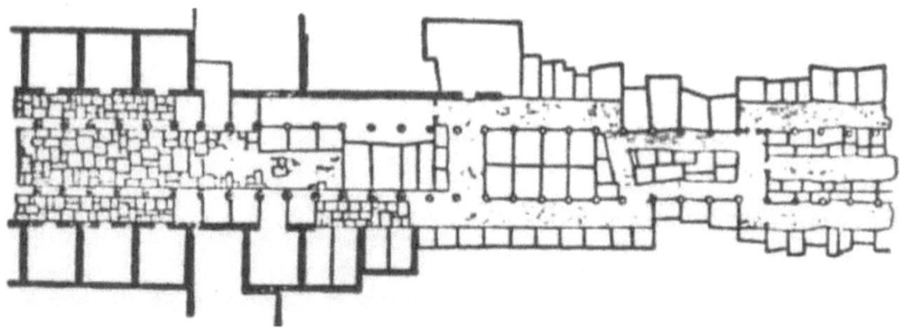

Abbildung 5: Schema antiker Kolonnadenstrassen[9]

Die Kolonnadenstraße war für den Wagenverkehr gebaut. Für das Tragtiersystem der islamischen Zeit war sie jedoch viel zu breit. Durch Wildwuchs der Buden, die sich dann auch in der Mitte der Straße ansiedelten, wurde die ehemalige breite Straße immer schmaler und unregelmäßiger. Als weiterer Schritt kam die Überdachung dazu.

---

[9] Quelle: Wirth, Zum Problem des Bazars (1975), S. 8.

Die sich immer stärker ausprägende Trennung von Arbeitsstätte und Wohnung im orientalischen Kulturkreis hat zwei Wurzeln. Zum einen bevorzugt es der Muslim, in Zurückgezogenheit seinem Privatleben nachzugehen. Zum anderen ist diese Trennung auf ein Schutzbedürfnis zurückzuführen.

Denn in den einzelnen Wohnquartieren finden sich unabhängig von sozialem Rang Menschen gleicher Religion oder Nationalität neben einer Lebensgemeinschaft zudem zu einer Schutzgemeinschaft zusammen. Durch das Sackgassenprinzip kann man sich im Falle der Gefahr leicht durch ein Tor abriegeln. Umgekehrt musste der Bazar selbst auch geschützt werden. Man kann an Feiertagen und über Nacht die Tore des Bazars nur dann abschließen, wenn sich in ihrem Bereich keinerlei Wohnungen befinden.

Die Einheitlichkeit im Baubestand des Bazars rührt unter anderem daher, dass der Araber seinen Reichtum nicht nach außen zu zeigen pflegt. Er hält nichts von einer aufwendigen Fassadengestaltung; so bleibt das Baubild einheitlich. Das Büro eines Millionärs sieht innen und außen genauso schlicht aus wie das eines wesentlich ärmeren Nachbarn. Außerdem werden größere, zusammenhängende Komplexe von großzügigen Herrschern, wohltätigen Stiftungen oder von investierenden Privatleuten erstellt. Die homogene Baustruktur ist mithin wesentlich von der Besitzstruktur abhängig.

Die Entwicklung der Khane lässt sich ebenfalls gut verfolgen. Als eingeschossiger Karawanenserail findet er sich in der Spätantike jedoch gerade nicht in den Städten, sondern abseits der Städte oder zwischen den Städten. Als Etappenstation war er Raststätte für Reisende und Karawanen mit kurzer Verweildauer. Für die Lage der Karawanenserails außerhalb der Stadtmauern sprechen durchaus vernünftige Gründe. Solange die Pax Romana galt, konnte dort räumlich und verkehrsmäßig uneingeschränkt gewirkt werden.

Im Laufe des Mittelalters wurde dieser Gebäudetyp in das Stadtzentrum aufgenommen. Sicherheitsbedürfnisse, Erleichterung der Zollerhebung und die starke Belebung des Fernhandels waren hierfür verantwortlich. Der Khan befand sich seitdem im Zentrum in räumlicher Nähe zu den Bazargassen. Der Aufenthalt der Reisenden wurde länger und der Khan nahm die Rolle eines Import-Exportlagers an.

Einen weiteren Funktionswandel machten die Khane durch. Denn es ließen sich in ihnen nun heimische Groß- und Fernhändler nieder, die fremden Kaufleute wurden verdrängt und so haben die Khane seit dem 19. Jahrhundert ihre bekannten Funktionen.

Die antiken Hallen fanden vermutlich keine direkte Nachfolge. Man nimmt an, dass die Bazarhallen für wertvollere Waren Neuentwicklungen der islamischen Stadt darstellen. Es ist vorstellbar, dass die beiden Eigenschaften wie die Absperrbarkeit und die fehlende Wohnfunktion von den antiken Hallen zunächst auf kleinere Bazargassen übertragen wurden. In der perfektionierten Kleinform schuf dies die Halle für wertvollere Waren und in der Großform bedeutete dies den ganzen abschließbaren Gesamtkomplex.

4. Bazartypen

Trotz gewisser regionaler Unterschiede lassen sich Baubestand und Funktion eines Bazars in Typen einteilen. Die formale Bestandstypisierung geht dabei von der räumlichen Anordnung der Bazargassen und Khane aus, die funktionale Typisierung dagegen von einer Sonderfunktion des Bazars.

4.1 Formale Bazartypen

Bei der Einteilung in formale Bazartypen kann nur von einer modellhaften Vereinfachung ausgegangen werden.

4.1.1 Linienbazar

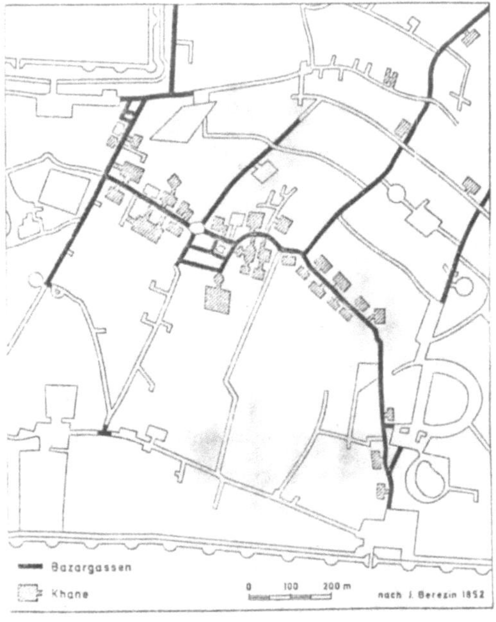

Abbildung 6: Linienbazar (Beispiel: Bazar von Teheran)[10]

---

[10] Quelle: Wirth, Zum Problem des Bazars (1974), S. 251.

Der Linienbazar besteht aus einer lang gestreckten Bazargasse, die auf beiden Seiten von Khanen gesäumt wird.

Er entsteht ohne bewusste Planung, sondern ergibt sich aus einer meist geraden Straße, die von einem wichtigen Punkt der Stadt zu einem anderen führt (z.B. in Teheran vom Palast zum Stadttor im Südosten). Die gewaltigen Passantenströme ziehen Handwerk und Einzelhandel an und zwar vornehmlich diejenigen Branchen, die auf einen intensiven Kontakt mit möglichst vielen potentiellen Kunden angewiesen sind. Es ergibt sich daher nahezu von selbst ein Zurückweichen der Wohnfunktion.

4.1.2 Flächenbazar

Der Flächenbazar besteht aus einem großen geschlossenen Komplex von parallelen und sich kreuzenden Bazargassen. Zwischen diesen Bazargassen liegen die Khane oder die Hallenkomplexe[11]. Genetisch kann man sich ihn als in die Breite wachsenden Linienbazar vorstellen. Gründe hierfür können sein: die Hauptmoschee, ein Haupteingang oder kapitalkräftige Unternehmer, die einen ganzen Bazarkomplex erstellen und ihn dann an attraktive Branchen vermieten.

4.1.3 Zentraler Einzelhandelsbazar mit umgebenden Khanen

Dieser Bazartyp besteht aus einem geschlossenen Komplex von Gassen und Hallen für den Einzelhandel, die so eng aneinander liegen, dass darin kein Platz für Khane mehr bleibt. Sie siedeln sich in etwa ringförmig um den zentralen Einzelhandelsbazar.

Zunächst dürfte wohl der zentrale Einzelhandel- und Handwerksbazar vorhanden gewesen sein und in späterer Zeit an dessen Peripherie die Khane entstanden sein.

---

[11] Vgl. hierzu die Abbildung 2.

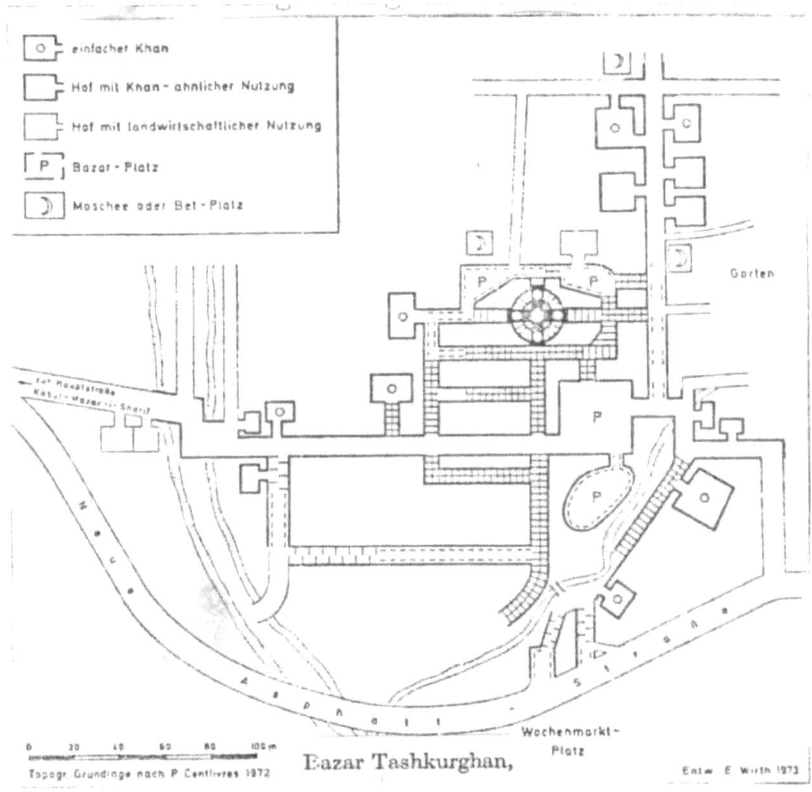

Abbildung 7: Einzelhandelsbazar mit umgebenden Khanen[12]

4.1.4 Kreuzbazar

Dieser Sondertyp besteht aus zwei sich rechtwinklig kreuzenden Linienbazaren. Kreuzbazare sind fast stets das Ergebnis einer planmäßigen Bazaranlage. Obwohl es einige orientalische Städte gibt, in denen sich wichtige Fernstraßen kreuzen, bildet sich an dieser Stelle fast nie ein Kreuzbazar heraus. Der Typus des Kreuzbazars kommt vor allem in Afghanistan vor, dessen Bazare ohnehin einen Grenzfall darstellen.

---

[12] Quelle: Wirth, Zum Problem des Bazars (1974), S. 256.

Die Altstadt, meist ein regelmäßiges Rechteck, wird durch ein zentrales Straßenkreuz in vier Quadranten geteilt. Die zwei Hauptachsen sind Linienbazare, die zumeist keine Überdachung haben. Direkt in den abgehenden Seitengassen findet man reine Wohnfunktion.

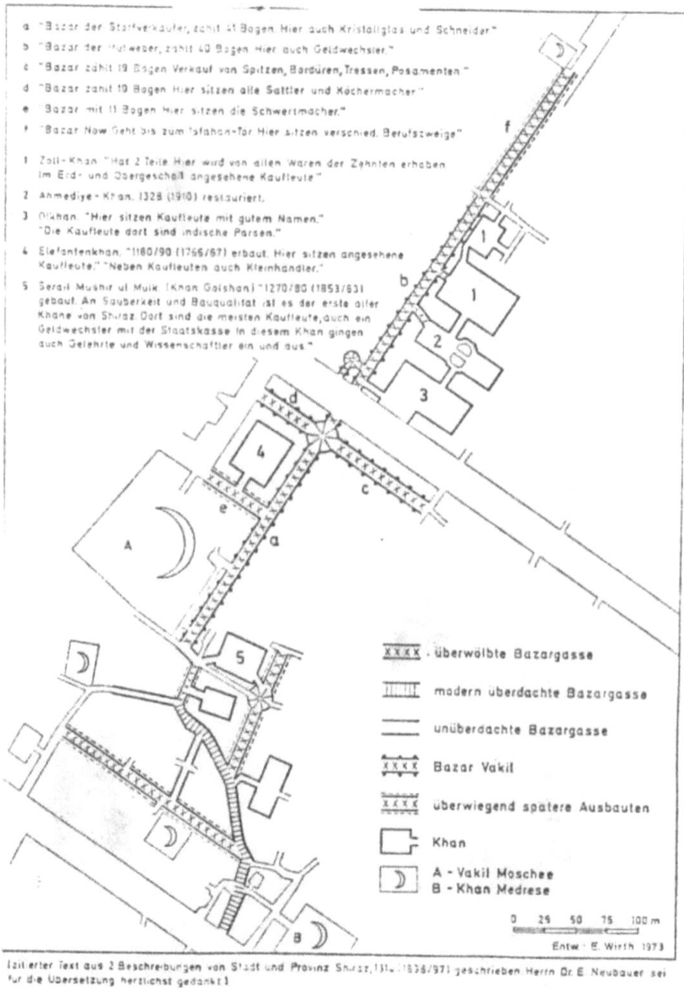

Abbildung 8: Kreuzbazar (Beispiel: Nordabschnitt des Bazars Shiraz)[13]

---

[13] Quelle: Wirth, Zum Problem des Bazars (1974), S. 257.

Die großen Bazare bedeutender Handelsstädte setzen sich aus einer komplexen Mischung der modellhaften Bazartypen zusammen. Die zentralen Teile des Bazars bestehen aus einem Flächenbazar oder aus einem Einzelhandelsbazar mit umgebenden Khanen, wobei die Zugangsstraßen den Typ des Linienbazars verkörpern.

4.2 Funktionale Bazartypen

Während sich die vorgenannten Bazartypen aufgrund ihres Baubestandes auswiesen, lassen sich die folgenden wegen ihrer Sonderfunktion ausgliedern. Dabei stellt der zentrale Hauptbazar den Normalfall dar.

4.2.1 Quartierbazar

Der Quartierbazar versorgt ein Wohnviertel mit einfachem und täglichem Bedarf (ähnlich den Subzentren unserer Städte). Prinzipiell ist in derselben Stadt ein Hauptbazar vorhanden. Anders als der Hauptbazar ist der Quartierbazar meist nicht überdacht und die Trennung von Wohnen und Wirtschaften nicht so ausgeprägt. Es finden sich hier nur Einzelhandel und einfache Dienstleistungen. Der Großhandel mitsamt Khanen fehlt. Ferner sind die einzelnen Branchen meist nicht räumlich sortiert. Im Hauptbazar übernehmen die Gassen am Rande oft die Rolle eines Quartierbazars für die angrenzenden Wohnviertel.

4.2.2 Vorstadtbazare

Sie befinden sich bei den Toren oder auch außerhalb der Mauern. Vorstadtbazare stellen die Verbindung zwischen dem Stadtzentrum und den Agrargebieten des Stadtumlandes her. Zumeist handelt es sich um Linienbazare. Da diese Bazare ganz auf den Umgang mit dem ländlichen Publikum eingestellt sind, beschäftigen sich die dort vertretenen Branchen mit dem Aufkauf von Agrarprodukten und im Heimgewerbe hergestellten Teppichen. Außerdem findet dort der Verkauf von Werkzeug und landwirtschaftlichen Geräten, einfachen Textilien und gefärbter Wolle statt.

Im Gegensatz zu Quartierbazaren sind in den Vorstadtbazaren zwecks Lagerung von Agrarprodukten einfache Khane vorhanden. Entlastet der Vorstadtbazar auf diese Weise das Hauptzentrum, so kommt er mit seiner Lage zugleich insofern dem ländlichen Publikum entgegen, da die psychologische Schwelle für die nicht ans städtische Leben gewohnte Leute wesentlich herabgesetzt ist.

4.2.3 Pilgerbazar

Dort ist das Angebot des Einzelhandels bestimmt durch Kerzen, Devotionalien, Gold- und Silberschmuck und in neuester Zeit von Reiseandenken. Man findet Geldwechsler, Photographen und Pilgerherbergen.

4.2.4 Handwerkerbazar

Er findet sich vor allem in der Türkei. Hier sind jeweils die einzelnen Branchen des Handwerks vereint, die nur produzieren, jedoch nicht direkt an den Kunden verkaufen. Die Erzeugnisse gelangen unter Zwischenschaltung eines Dallal in den Handel und dieser übernimmt damit eine ähnliche Funktion wie im Westen die Genossenschaften.

5. Branchensortierung und Branchenvergesellschaftung

Schaut man sich die farbige Branchenverteilungskarte von G. Schweizer vom Bazar in Tabriz an, so fällt einem die vorhandene Branchensortierung direkt ins Auge. Tabriz liegt in Nähe der türkischen und der russischen Grenze. War dies früher ein Impuls für den internationalen Handel, hatte dies später nachteilige Auswirkungen. Der Bazar von Tabriz hat sich in den letzten hundert Jahren nur recht langsam weiterentwickelt. Damit bietet er uns gute Einblicke in einen traditionellen Bazar. Es fällt auf, dass Geschäfte und Betriebe einer Branche gassenweise zusammenliegen und räumlich sortiert sind.

5.1 Vorherrschende Branchen

Am deutlichsten tritt die Branchensortierung bei den Teppichgeschäften zutage, die mit einem Viertel aller Geschäfte die dominierende Stellung einnehmen. Die Teppichbranche bildet drei Konzentrationsbereiche: im Südwesten, im Mittelabschnitt und im nördlichen Teil.

Eine ebenfalls monopolartige Stellung nimmt der im Südosten liegende Hausratbazar ein. Östlich daran schließt sich der Bereich für Schuhe und Schuhbedarf an und nördlich des Hausratbazars werden ausschließlich Tuche verkauft.

Der etwas abseits gelegene, jedoch ebenfalls räumlich sortierte Obst- und Gemüsemarkt nördlich des Flussbettes nimmt eine gewisse Sonderstellung ein.

In den übrigen Bereichen lässt sich zunächst keine so strenge räumliche Anordnung feststellen. Dennoch sind die verschiedenen Geschäftszweige nicht regellos angeordnet: im südlichen Abschnitt herrschen Juweliergeschäfte vor, im Nordteil gibt es überwiegend Textilgeschäfte.

An dieser Stelle erscheint es angebracht, einen kleinen Einblick in das charakteristische Sortiment und die traditionellen Branchen von Handwerk und Kleingewerbe zu geben. Typische Bazarwaren sind: „Tuche und Textilwaren, Spezereien und Gewürze, Teppiche, Kelims und Decken, Leder- und Sattlerwaren, Schuhe und Pantoffeln,

Seiler- und Schmiedewaren, Gebrauchtkleidung, Hausrat und Töpferwaren, billige westliche Industrieerzeugnisse"[14].

Als typisches Bazarhandwerk führt Wirth folgende Berufe an: „Kupferschmiede, Grobschmiede, Gold- und Silberschmiede; Bronceguß, Ziseleure, Kunsthandwerk, Filzmacher, Glasbläser, Lederhandwerk, Sandalen- und Pantoffelmacher, Kappenmacher, Kammacher, Tischler und Drechsler; mehr am Rande des Bazars und in Wohngebieten findet man Gerber, Färber, Seiler, Weber, Töpfer."[15]

A Zwischenhandel Geschirr und Hausrat, Tuche
B Töpferwaren u. Keramik, Kräuter u. Wurzeln
C Oliven, Trockenfrüchte (Zwischenhandel)
D Erdgeschoß Herrenmäntel; Obergeschoß Handweber (Manufaktur)
E Manteltuche, Wolle
F Traditionelle Herrentuche
G Erdgeschoß Decken und Kelims; Obergeschoß Lederhandwerk
H Mantelsäumer, Kurzwarenzwischenhandel

a = Damentextilwaren+Garne
b = Kerzen, Gürtel, Tressen
c = Bänder und Tressen
d = Garne, Bänder, Damentuche
e = Damentuche, Gürtel
f = Damentuche+traditionelle Damenkleidung
g = Garne
h = Garne und Bänder
i = Pantoffeln
k = Gold- und Silberschmiede
l = Herrentuche+Herrenmäntel
m = Mantelsäumer
n = Herrenkleidung

o = Mantelsäumer+Nähzeug-Großhandel
p = Papier- und Schreibwaren
q = Gemischte Kurzwaren
r = Spezereien und gemischte billige westliche Konsumgüter für Damen
s = Gemischte Textilwaren
t = Gürtel
u = Trockenfrüchte+gemischte Textilwaren
v = Bänder+gemischte Textilwaren
w = Westliche Damentextilwaren
y = Kindertextilwaren

Abbildung 9: Räumliche Verteilung der Branchen im Bazar Kisariye Fès[16]

---

[14] Wirth, Zum Problem des Bazars (1974), S. 212.
[15] Ebenda.
[16] Quelle: Wirth, Zum Problem des Bazars (1974), S. 240.

Mit der Branchensortierung geht eine Spezialisierung bis zu Untergruppen einher. Dies trifft nicht nur für Tabriz zu. So gibt es Werkstätten bzw. Läden, in denen ausschließlich Papiertüten hergestellt und verkauft werden. Oder es gibt Geschäfte, die nur Strümpfe, Glühbirnen oder gar nur Schuhnägel anbieten.

Wie lassen sich nun diese Branchensortierung und Branchenkonzentrationen erklären? Beachtenswert ist, dass wir Ähnliches von unseren mittelalterlichen Handwerksgassen (z.B. Metzgergasse) und den hochmodernen westlichen Geschäftsstraßen (Citys) kennen.

Es gibt einige Beispiele dafür, dass die einzelnen Branchen der orientalischen Stadt sich durch obrigkeitliche Anordnung in dieser Weise ansiedeln mussten. Auch die Organisation von Bazar-Einzelhandel und Handwerk in Korporationen könnte für die räumliche Segregation verantwortlich sein. Der neueste Erklärungstrend geht dahin, dass die Branchensortierung das Erheben von Steuern und Abgaben erleichtern sollte. Denn es war üblich, dass einer Branche eine Pauschalsteuerschuld auferlegt wurde, die von einem Marktaufseher aufgeteilt und eingesammelt werden musste, was am besten bei standortmäßiger Zusammenfassung der Branchenmitglieder gelang. Ferner wird angeführt, dass die Branchen sich teilweise nach Religion und nationaler Herkunft sortieren.

Die Spezialisierung schließlich liegt zu einem gewissen Teil an der Konkurrenzsituation. In Tabriz sind beispielsweise über die Hälfte aller Erwerbstätigen Selbständige, die gemäß dem rentenkapitalistischen System von Großhandel, Lieferanten, Auftraggeber etc. stark abhängig sind. Überdies tendiert der Rentenkapitalist dazu, bei Neubau einer Bazargasse die einzelnen Bazarboxen wiederum möglichst klein zu halten, damit er umso mehr Leute von sich abhängig machen kann. Der damit verbundene chronische Kapitalmangel des Bazari trägt nicht zuletzt zur Spezialisierung auf eine oder wenige Waren bei.

5.2 Vergesellschaftung

Die Branchensortierung und Branchentrennung stellt aber keineswegs das einzige Ordnungsmuster im Bazar dar. Aufgrund allgemein wirtschaftlicher Gesetzmäßigkeiten gibt es im Bazar auch einige charakteristische Vergesellschaftungen von Branchen und Standorten. Oftmals muss man hier jedoch genau unterscheiden, ob es sich dabei nicht schon um verwestlichte Formen handelt.

Wie oben schon erläutert, findet sich in enger Nachbarschaft des Einzelhandels und des einzelnen Handwerks in den angrenzenden Khanen der Großhandel derselben Ware. Diese räumliche Vergesellschaftung ist zum einen durch den chronischen Kapitalmangel des Einzelhändlers bedingt, der sich keine großen Lagervorräte (schon aus Platzgründen) halten kann und oft mehrmals am Tage Ware vom Großhändler nachbezieht. Der Einzelhändler möchte aber außerdem die Ware begutachten und sie dann sofort mitnehmen. Daneben finden wir auch eine vertikale Verflechtung einzelner Branchen. Zulieferbetriebe, weiterverarbeitende Betriebe und schließlich der Einzelhandel sitzen beieinander. Erklärbar ist es vor allem dadurch, dass der gesamte Verarbeitungsprozess vom Großhändler organisiert und finanziert wird.

Neben dieser Vergesellschaftung nach Fertigung und Verkauf gibt es ferner eine Vergesellschaftung nach unterschiedlichen Kundengruppen. So in den Vorstadtbazaren, wo das Sortiment auf ländliches oder nomadisches Publikum ausgerichtet ist. Es gibt sogar Bazarabschnitte, deren Waren sich nur an verheiratete Frauen richten. So findet man dort Damenoberbekleidung, Wäsche oder Parfüm.

Neben einer Vergesellschaftung nach Produktion und Vertrieb einer einzigen Ware einerseits, wie es der gassenweisen Branchensortierung entspricht, findet man mehr am Rande des Hauptbazars eine Vergesellschaftung vieler Waren auf einen Kundenkreis.

6. Räumliche Anordnung der Branchen (Branchenwertigkeit)

Abhängig von ihrer Lage werden die jeweiligen Standorte des Bazars unterschiedlich bewertet. Dabei ist die Branchenwertigkeit einer regelhaften zentral-peripheren Abfolge unterworfen. Welches Ordnungsprinzip sich dahinter verbirgt, darüber herrscht noch Meinungsverschiedenheit.

Viele Orientalisten und Islamwissenschaftler meinen, dass die Nähe oder Ferne zur Freitagsmoschee die Wertigkeit bestimme. Moscheennahe Standorte gälten als besonders vornehm, weiter entferntere dagegen als weniger vornehm. Dementsprechend würden sich in Moscheenähe Kerzenhändler, Buch- und Lederhändler befinden. Somit wären also Waren mit hohem Prestige vertreten. Peripher dagegen lägen Lärm verursachende oder sonstige belästigende Tätigkeiten.

Diese These hält Wirth für zu idealisierend und für moscheenahe Standorte selten empirisch nachprüfbar. Er versucht den Standort überwiegend wirtschaftlich zu erklären. Ist es nicht praktisch und ökonomisch sinnvoll, wenn neben der Moschee Kerzen, Weihrauch oder Korane verkauft werden? Und es ist nicht auch vernünftig, wenn Branchen mit Lärm- und Geruchsbelästigung, Brandgefahr und großem Platzbedarf an der Randzone des Bazars liegen? Diese weniger geachteten Branchen sitzen aus praktischen Gründen peripher und nicht wegen der automatisch damit verbundenen Moscheeferne. Nicht die Entfernung zur Hauptmoschee sei also das Grundprinzip der räumlichen Ordnung, sondern der davon durchaus abhängige Umfang und die Richtung der Passantenströme.

Deshalb treffe auch die oben beschriebene Verteilung der Gebäudetypen zu. In den Hauptbazargassen überwiegt der Einzelhandel. Allgemein erfreuen sich die Standorte an den Haupteingängen größter Beliebtheit, da hier die meisten Passanten einströmen. In diesem passantenintensiven Bazarabschnitt ist die Chance eines Kaufabschlusses am höchsten und somit steigt die Wertschätzung. Am Beispiel Tabriz zeigt es sich, dass mit abnehmender Entfernung von den Haupteingängen die Qualität innerhalb der Branchensortierung abnimmt. Im Süden (bedeutet Richtung westlich beeinflusster Stadt) werden bessere Waren angeboten, im Mittelteil und in nördlicher Richtung (Richtung ländliches Publikum) billigere Waren.

Abbildung 10: Gliederung der Wirtschaftszweige im Bazar von Tabriz[17]

---

[17] Quelle: Wirth, Zum Problem des Bazars (1974), S. 247.

Welche Waren nehmen generell im traditionellen Bazar die bevorzugten Standorte ein? In erster Linie ist dies der Handel mit höherwertigen Textilwaren. Überhaupt nehmen Textilwaren in nicht so hoch entwickelten Ländern einen bedeutenden Anteil innerhalb des Sortiments ein. Ferner kommt an bevorzugten Stellen der Spezereien-Handel (Gewürze, Wohlgerüche) vor. Außerdem sind dort die Geldwechsler ansässig. Gemeinsamer Nenner all dieser geachteten Berufe ist ein enger Bezug zum Fernhandel.

7. Bazar als wirtschaftlich-gesellschaftlich-politisches Organisationszentrum

Stellenweise klang es schon an, wie das Bazarsystem organisiert wird. Im Westen erkennt man die Träger der wirtschaftlichen Macht sofort anhand der recht repräsentativen und aufwendigen Büropaläste. Anders verhält sich dies im traditionellen Bazar. Hier leben die Träger der wirtschaftlichen bzw. finanziellen Macht und die koordinierenden Kräfte ganz abseits in den Khanen, fast im Verborgenen. Dies entspricht dem traditionellen orientalischen Wirtschaftsgeist, nämlich Reichtum oder wirtschaftlichen Einfluss nach außen hin nicht sichtbar werden zu lassen.

Aber gerade in den Khanen, abseits der passantenüberströmten Bazargassen, liegt der Kopf und Motor des Bazars. Man muss sich dabei das System des Rentenkapitalismus, das zwar Ober- und Unterschicht, jedoch keine Mittelschicht kennt, vergegenwärtigen. Der Rentenkapitalist ist stets in den Bazarablauf verflochten. Je nach Lage stellt er die Rohmaterialien, die Arbeitsgeräte, die zu verkaufende Ware oder die Räume und versucht möglichst viele Beteiligte durch systematische Verschuldungsmechanismen in seine Abhängigkeit zu bringen. Er ist oftmals Vermittler der Arbeit und daher bemüht, den Arbeitsablauf in möglichst viele Schritte aufzuteilen. Denn je mehr Leute beteiligt sind, desto größer ist sein Gewinn.

Er kauft beispielsweise auf dem Lande die Wolle auf, lässt sie in der Stadt färben, übergibt sie dem städtischen oder ländlichen Heimgewerbe, das daraus Teppiche knüpft. Anschließend wird die fertige Ware an den Einzelhändler verkauft oder in den Fernhandel weitergeleitet. Fern- und Großhandel bedeutet aber in besonderem Maße Kapital-schaffung. Da in den Ländern des Vorderen Orients ein funktionsfähiges Bankensystem in der Regel fehlt, tritt er auch als Kreditgeber auf. Zudem übernimmt er die Rolle des Bauträgers, da Bazar-komplexe als sichere Geldanlage gelten.

Der zentrale Bazar, vertreten durch die dortigen Rentenkapitalisten, erfüllt somit die verschiedensten Organisationsfunktionen wie:

- Sitz von Groß- und Fernhandel
- Steuerung von Einzelhandel und Handwerk
- Organisation des Heimgewerbes

- Vertrieb der agrarischen Produktion

- Verknüpfung von Stadt und Umland

- Kreditplatz

- Bauträger

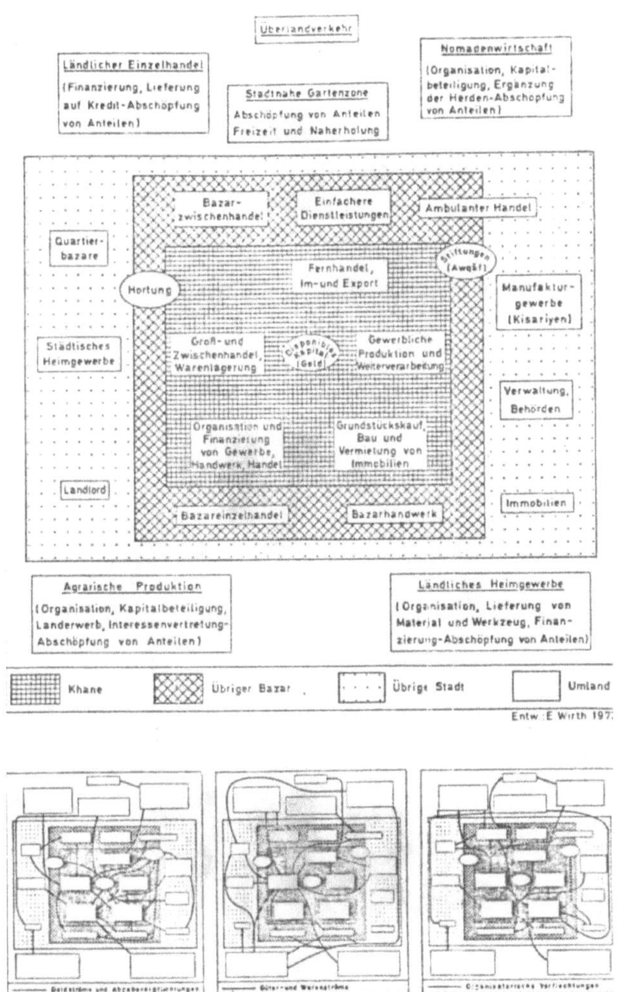

Abbildung 11: Modelldarstellung des Bazars im System der orientalischen Stadt[18]

---

[18] Quelle: Wirth, Zum Problem des Bazars (1974), S. 222.

Der Bazar ist zwar hauptsächlich, jedoch nicht ausschließlich wirtschaftliches Organisationszentrum der orientalischen Stadt. Auch im politisch-gesellschaftlichen Leben nimmt er eine führende Stellung ein. So sind die tonangebenden Kaufleute ebenso bei der täglichen politischen Willensbildung nicht unbedeutend. Zudem ist ein Streik der Bazarkaufleute eine Möglichkeit der politischen Stellungnahme.

Im gesellschaftlichen Leben geht der Bazar weit über die Funktion eines Marktes hinaus. Er ist Treffpunkt und Ort des Austausches von Neuigkeiten. Das pulsierende Leben des Bazars, die vielfältige Geräusch- und Geruchskulisse hat für den Orientalen einen besonderen Reiz. Ein Bazarbummel gehört zum Lebensgefühl und zur Freizeitbeschäftigung. Die psychologische Hemmschwelle ist auf dem Bazar sehr gering, denn die Läden sind alle nach außen offen. Man kann die Waren begutachten, um den Preis einer Ware feilschen ohne letztlich zu einem Kauf verpflichtet zu sein.

8. Ausblick: Thesen zum Funktionswandel des Bazars infolge Verwestlichung

Die neuesten Entwicklungstendenzen werden an dieser Stelle thesenartig nach Wirth[19] zusammengefasst:

1. Im Gegensatz zu früher ist der Bazar nicht mehr das einzige Geschäftszentrum der orientalischen Stadt. Moderne, westlich orientierte Geschäftsviertel traten hinzu und lassen die zweipolige Stadt entstehen. In einer klaren Trennung der Aufgaben hat der Bazar nun ein ganz spezifisches Publikum, nämlich überwiegend traditionelle und ärmere Bevölkerungsschichten.

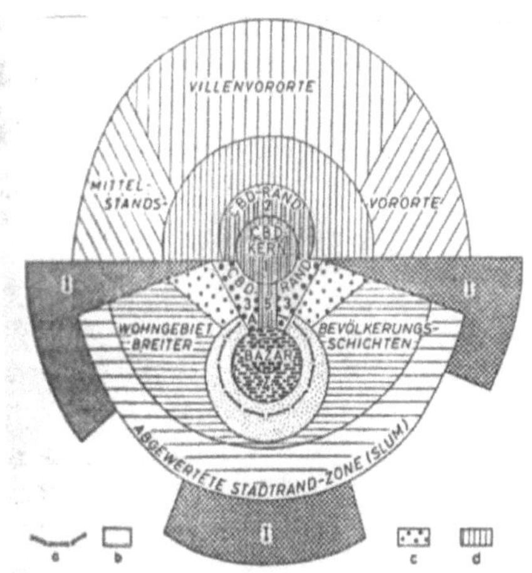

Abb. 12: Die orientalische Stadt unter westlich-modernem Einfluß: Modell der zweipoligen Stadt am Beispiel Teherans

Zentrum der westlich-modernen Stadt: 1 CBD-Kern, Gebiet der Hauptgeschäftsstraßen westl. Typs; 2 CBD-Rand: moderne (Wirtschafts-)Funktionen; 3 CBD-Rand: überrollte Peripherie mit älteren (Regierungs-)Funktionen

Zentrum der traditionellen Stadt: 4 Bazar und seine funktionelle Ausweitung (Bazar-Randzone); 5 Zone alter Geschäftsstraßen; A Ark, ehem. Residenz; a ehem. Stadtmauer; b Bereich traditionellen Bauens; c alte Villenzone; d Gürtel moderner Wohnbebauung; I Industrie

Abbildung 12: Modell der zweipoligen Stadt am Beispiel Teherans[20]

---

[19] Vgl. Wirth, Strukturwandlungen und Entwicklungstendenzen der orientalischen Stadt, S. 101-128.
[20] Quelle: Seger, Strukturelemente der Stadt Teheran und das Modell der modernen orientalischen Stadt, S. 36.

2. Im Bazar alter Prägung waren Handel und Handwerk gleichberechtigt nebeneinander vertreten. Nun werden Handwerk und Gewerbe, die normalerweise ein
   geringeres Prestige als der Einzelhandel besitzen, immer mehr aus dem Zentrum
   des Bazars in dessen Randzonen und in die Wohnquartiere verdrängt.

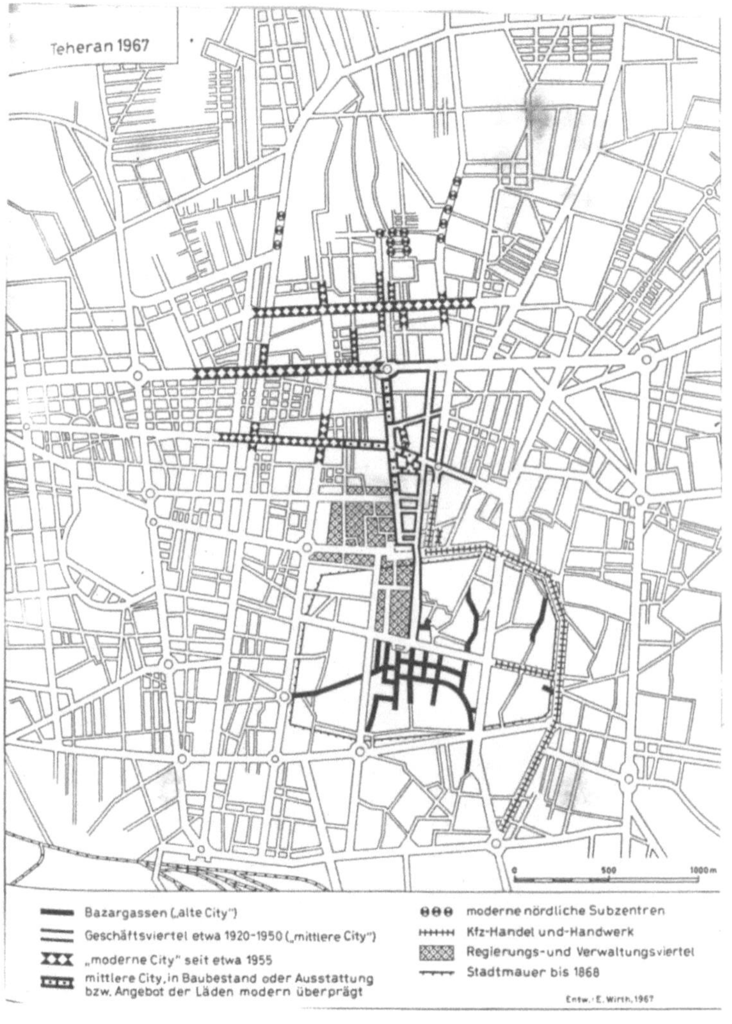

Abbildung 13: Veränderungen im Bazar von Teheran[21]

---

[21] Quelle: Wirth, Strukturwandlungen und Entwicklungstendenzen der orientalischen Stadt, S. 111.

3. Einen besonders harten Funktionsverlust musste der Bazar durch die Abwanderung vieler Zweige des Großhandels hinnehmen. Die Khane veröden zunehmend zu reinen Lagerplätzen und werden vom Handwerk eingenommen.

4. Durch die Verwestlichung kommt es zu einer neuen sozialräumlichen Differenzierung, zu einer Verschiebung der Wertschätzung einzelner Bazarbereiche. Die Passantenströme verschieben sich zugunsten des Bazarseingangs in Richtung zu den modernen Geschäftszentren.

5. In vielen westlichen Geschäftsvierteln hat sich eine bazarähnliche Branchensortierung herauskristallisiert. Dies ist umso auffallender als sich umgekehrt im Bazar mehr und mehr eine Publikumsorientiertheit durchsetzt.

9. Literaturverzeichnis

BUSCH - ZANTNER, R., Zur Kenntnis der osmanischen Stadt, in: Geographische Zeitschrift, Bd. 38 (1932), S. 1-13.

CHARPENTIER, G.-J., Bazar-e Tashqurghan - ethnographical studies in an Afghan traditional bazaar, Uppsala 1972.

DETTMANN, K., Damaskus. Eine orientalische Stadt zwischen Tradition und Moderne (Erlanger Geographische Arbeiten, Heft 26), Erlangen 1969.

DETTMANN, K., Zur Variationsbreite der Stadt in der islamisch-orientalischen Stadt, in: Geographische Zeitschrift, Bd. 58 (1970), S. 95-123.

GAUBE, H., / WIRTH, E., Der Bazar von Isfahan (Beihefte zum Tübinger Atlas des Vorderen Orient, Reihe B, Nr. 22), Wiesbaden 1978.

AL-GENABI, H., Der Suq (Bazar) von Bagdad. Eine wirtschafts- und sozialgeographische Untersuchung, in: Mitteilungen der Fränkischen Geographischen Gesellschaft, Bd. 21/22 (1974/75), S. 143-297.

GRUNDZÜGE des islamisch-arabischen Städtebaus. Arbeitsbericht 28 des Städtebaulichen Instituts der Uni Stuttgart, hrsg. vom Städtebaulichen Institut im Fachbereich ORL, Stuttgart 1972.

GRUNEBAUM, G. E. von, Die Islamische Stadt, in: Saeculum Bd. 6 (1955), S. 138-153.

HALM, H., Wachstumsabläufe in einer orientalischen Stadt - Am Beispiel von Kabul/ Afghanistan, in: Erdkunde 26 (1972), S. 16-32.

LEITNER, W., Die Bazare in Istanbul, in: Bustan Bd. 9 (1968), S. 77-83.

MENSCHING, H., / WIRTH, E. (HRSG.), Nordafrika und Vorderasien (Fischer Länderkunde, Bd. 4), Frankfurt 1973.

RUPPERT, H., Beirut. Eine westlich geprägte Stadt des Orients (Erlanger Geographische Arbeiten, Heft 27), Erlangen 1969.

SCHURTZ, H., Das Bazarwesen als Wirtschaftsform, in: Zeitschrift für Social-
wissenschaft, Bd. 4 (1901), S. 145-167.

SCHWEIZER, G., Tabriz (Nordwest-Iran) und der Tabrizer Bazar, in: Erdkunde 26
(1972), S. 32-46.

SEGER, M., Strukturelemente der Stadt Teheran und das Modell der modernen
orientalischen Stadt, in: Erdkunde 29 (1975), S. 21-38.

STEWIG, R., Die räumliche Struktur des stationären Einzelhandels in der Stadt
Bursa, in: STEWIG, R., / WAGNER, H.-G. (HRSG.), Kulturgeographische Unter-
suchungen im islamischen Orient (Schriften des Geographischen Instituts der
Universität Kiel, Bd. 38), Kiel 1973, S. 143-175.

WIEBE, P., Struktur und Funktion eines Serais in der Altstadt von Kabul, in:
STEWIG, R., / WAGNER, H.-G. (HRSG.), Kulturgeographische Untersuchungen im
islamischen Orient (Schriften des Geographischen Instituts der Universität Kiel, Bd.
38), Kiel 1973, S. 213-240.

WIRTH, E., Strukturwandlungen und Entwicklungstendenzen der orientalischen
Stadt, in: Erdkunde Bd. 22 (1968), S. 101-128.

WIRTH, E., Zum Problem des Bazars, in: Islam, Bd. 51 (1974), S. 203-260 und Bd.
52 (1975), S. 6-46.

10. Abbildungsverzeichnis